U0181207

Books Bear
布克熊童书

会 讲 故 事 的 童 书

Books Bear
布克熊童书

了不起的中国建筑

我们的民居

党高丽　著

红方块绘本工作室　绘

北京体育大学出版社

责任编辑：刘万年

责任校对：殷　亮

图书在版编目（CIP）数据

　　了不起的中国建筑 . 我们的民居 / 党高丽著 ; 红方

块绘本工作室绘 . —— 北京 : 北京体育大学出版社，

2023.11

　　ISBN 978-7-5644-3818-0

　　Ⅰ . ①了… Ⅱ . ①党… ②红… Ⅲ . ①民居－建筑艺

术－中国－少儿读物 Ⅳ . ① TU-092

　　中国国家版本馆 CIP 数据核字 (2023) 第 206541 号

了不起的中国建筑 我们的民居

LIAOBUQI DE ZHONGGUO JIANZHU　WOMEN DE MINJU

党高丽　著

红方块绘本工作室　绘

出版发行：北京体育大学出版社

地　　址：北京市海淀区农大南路 1 号院 2 号楼 2 层办公 B-212

邮　　编：100084

网　　址：http://cbs.bsu.edu.cn

发 行 部：010-62989320

邮 购 部：北京体育大学出版社读者服务部 010-62989432

印　　刷：天津旭非印刷有限公司

开　　本：889 mm×1194 mm　1/16

成品尺寸：215 mm×275 mm

印　　张：10.25（总）

字　　数：108 千字（总）

版　　次：2023 年 11 月第 1 版

印　　次：2023 年 11 月第 1 次印刷

定　　价：138.00 元（全二册）

本书如有印装质量问题，请与出版社联系调换

目录

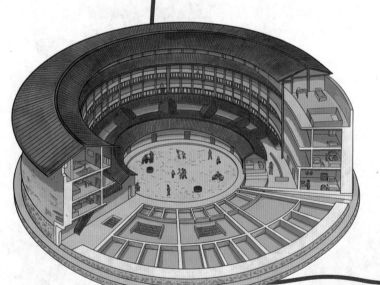

第一章

房屋那些事儿

第一所房子

当一只古猿从树上来到地面，学着直立行走之时，人类的居住史也从此拉开了序幕……

在北方，人们发现洞穴是现成的栖身之所，省事又方便。人们就开始摸索，挖出了形式多样的洞穴，作为居住的地方，后人称之为"穴居"。

在湿热多雨、山林浓密的南方，人们仿照鸟巢，在一棵树上搭建透风、轻盈的房子，或者选择几棵相邻的树，搭建更大的房子，后人称之为"巢居"。

慢慢地，北方的洞穴从地下转到了地上，成了半地穴。人们将树枝和茅草当作屋顶和墙壁，并用一根长长的木棍支撑起房顶。

南方的人们也开始伐木建造房子，使用藤条将其固定，并且发明了能让房子更加牢固的连接方式——榫卯。

就这样，第一所房子出现了。

原来人类最早是这样住的啊！

是啊！人类依靠聪明才智，不断地尝试、探索才有了现在各种各样的房子。

地下洞穴

半地穴

长江流域的干栏式房子

原始干栏式建筑

榫卯

在两个构件上采用凹凸部位相结合的一种连接方式，其中凸出部分叫榫，凹进部分叫卯。其特点是不使用钉子便可将多个木构件牢固连接，还能使其具有很好的抗震性能。

多树巢穴

房子

单树巢穴

传统民居有哪些构造

　　房子对人们来说是温暖的家，是避风的港湾。不同的房子有不同的结构，但是它们大都包含以下这些基本构造。这些基本构造支撑起一座座传统民居，并带给人们无尽的欢乐。

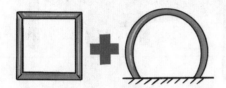

方窗圆门——方正圆融

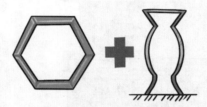

六角窗与瓶形门——平安大顺

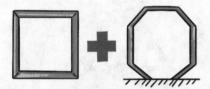

正方形窗与八角门——四通八达

形状多样的什锦窗——十全十美

❶ 窗

　　窗，是房子的"眼睛"。最开始的窗，是在屋上开出简单的洞，用来通风、排烟和采光。后来的窗，在原有的功能之外，渐渐起到装饰的作用。

❷ 户对

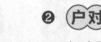

　　户对是置于门楣上或门楣两侧的砖雕、木雕。比较典型的为短六边形方柱，柱长一尺（1尺≈33.33厘米）左右，与地面平行，与门楣垂直。

❸ 抱鼓石

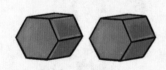

　　宅门前的一对石鼓又叫抱鼓石，主要用来制衡厚重的门板。

你看，房子外表看着简单，其实是由好多部件组成的。

好复杂啊！快说说都有哪些部件吧！

❹ 屋顶

屋顶往往是人们对房子的第一印象。屋顶就像帽子，既能给人遮风挡雨，又可以赋予房子美感，甚至还决定着一座房子的风格。另外，屋顶多会延伸至墙面以外，这突出的部分则被称为屋檐。屋檐可以保护其下的立柱和墙面免遭风雨的侵蚀，还是建筑美感的重要来源。

❺ 屋架

屋架是支撑房子的骨架。穿斗式与抬梁式是屋架最常见的两种结构形式。

❻ 门

在古代，门不仅是人们进出房子的通道，也是家族的"脸面"与"名片"。它象征着主人的等级，昭示着主人的地位、财富与文化品格。民居中，最常见的为木门，且"双扇为门，单扇为户"。

❼ 台基

每座房子都有一定的自身重量。为了防水防潮，为了保证房子建成后不会沉降塌陷，人们就堆起台基。它就像人的双足，可以让房子像树根一样扎稳大地。

❽ 墙体

传统民居建筑一般三面围墙，正面为木质柱与门窗。左右墙面因顶部像山尖的形状，称为"山墙"；四根木头圆柱围成的空间称为"间"。建筑的迎面间数称为"开间"，或称"面阔"。院子或房间等的深度称为"进深"。

❾ 地基

建造一座房子，通常是从地面挖一个大坑开始的。挖坑是为了找到足够坚硬的天然土层、岩石来支撑房子，也就是地基。

地基又分天然和人工两类。当天然土质疏松无法支撑建筑时，可采用压实、换土或打桩的方法来修建人工地基。

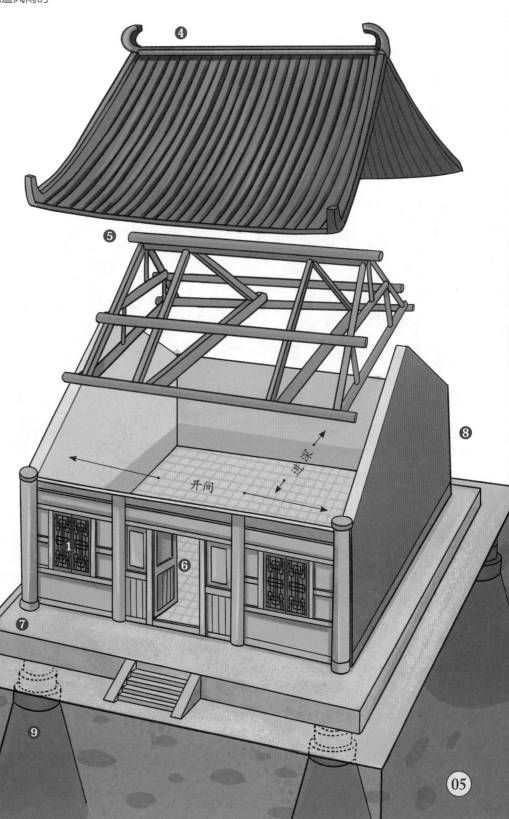

盖房子用什么材料

一座座房子能拔地而起，它的首要功臣就是材料。那么，古人用什么材料来盖房子呢？他们又是如何用智慧克服外界的不利因素取得自己的安身之所的呢？

他们在收集和处理盖房子用的材料，我带你认一认有哪些材料吧！

这些人在做什么？

❶ 生土

生土是人类早期盖房子的首选材料。生土是经过若干万年的沉积，自然形成的原生土壤。它结构细密、质地紧凑，仅需简单加工就可以用来盖房子，是最节约成本、最省力的盖房材料。

用生土盖房子的方法很多，可以直接将土层掏空，挖成窑洞；也可以夯打土墙，筑泥土墙；还可以用简单的模具将生土做成土坯砖，再用来砌墙。

❷ 砖瓦

用黏土烧制的砖瓦比天然石材更容易造型，比木材更耐腐蚀，是一种非常理想的建筑材料。砖瓦同时还可以装饰房子的檐下、墀头、山花、屋脊等地方。我们甚至还可以看到精美的砖雕。

❸ 木材

　　我国地大物博，树木众多。树木容易就地取材，也可以借用河流来运输，所以木材成了人们早期使用的盖房材料之一。

　　从干栏式的粗糙连接开始，人们用茅草和树叶遮盖木头结构，以达到防腐的效果；后来，人们高筑台基，以达到保护木根的目的；最后，人们发明了榫卯钉楔，使"一根筋"的木材连接得更加牢固。

❹ 石材

　　石材坚硬，稳定性强，多用在房屋的台基、墙身、柱础、台阶、地面等位置。门窗的过梁、边框也常用石材制造，且石材可就地取材，是建造房屋的重要材料之一。

❺ 灰浆

　　灰浆是由石灰、石膏等材料加水搅拌而成的浆，用于粉刷墙壁或灌缝。灰浆是材料间的黏合剂，也是修饰房子表面的主要材料，其用法十分讲究，不同成分、不同配比的灰浆，有着不同的特性和用途。

盖房子需要哪些"手艺"

盖房子是一件大事，需要一个建筑队伍一起完成。房屋的建造等级越高，工程越大，需要的工匠及工人也就越多。

❶ 锯匠

在没有便捷的伐木工具的古代，伐木靠的是人力，而伐木的这些人就被称为锯匠。锯匠在深山中挑选合适的树木，砍伐后做成木料运出来，供人使用。

❷ 木匠

古代的房子大都是木架结构，柱、梁、枋等影响房子比例与外观的大木作及门、窗、栏杆、外檐等小木作都出自木匠之手。所以，木匠是造房子中最不可缺少的人。

工作时，他们以木头为材料，先伸展绳墨，用笔画线，后拿刨子刨平，再用量具测量，制作成各种房子、家具、门窗和工艺品。最神奇的是，他们可以不用一根钉子就将木头的各个部分连起来。

❸

没点"手艺",房子可盖不起来,看看,这些"手艺人"你都认识吗?

❸ 泥水匠

"一把砖刀砌墙头,一把抹刀抹墙壁",泥水匠专门从事砌墙、铺地、盖瓦、抹平地面的工作,也叫瓦匠、砖匠。他们干的活看似普通,实际上盖房子时,要将砖砌得横平竖直,这其中大有学问。

❹ 石匠

石匠负责打造建房所用的石柱、石勒脚、台基、天井、旗杆石、抱鼓石等。

凿

❹

古代建造房子的步骤

在古代，没有机械设备，没有钢筋水泥，古代人取材于身边的物品，凭借独特的智慧，将土、木、石完美融合，在建造房屋上形成了七道工序。

❸ 动土平基

动土平基是指开挖土方、平整场地、夯实地基。动土前，需要举行特定的仪式，祈祷盖房的过程平安、顺利。

❶ 画起屋样

木匠会根据场地条件和主人的要求，先进行房屋设计，画出草图。有的画在纸上，有的画在墙上、地上。为避免技艺外传，方案确定后，木匠会立即擦除屋样。

❷ 起造伐木

锯匠在了解房子主人的要求后，进山选取树木，做成合适的木料供房子主人使用。

❹ 定磉扇架

定磉（sǎng）扇架是指将木柱底部的磉石（指柱下石墩）安放固定，拼装整扇屋架。

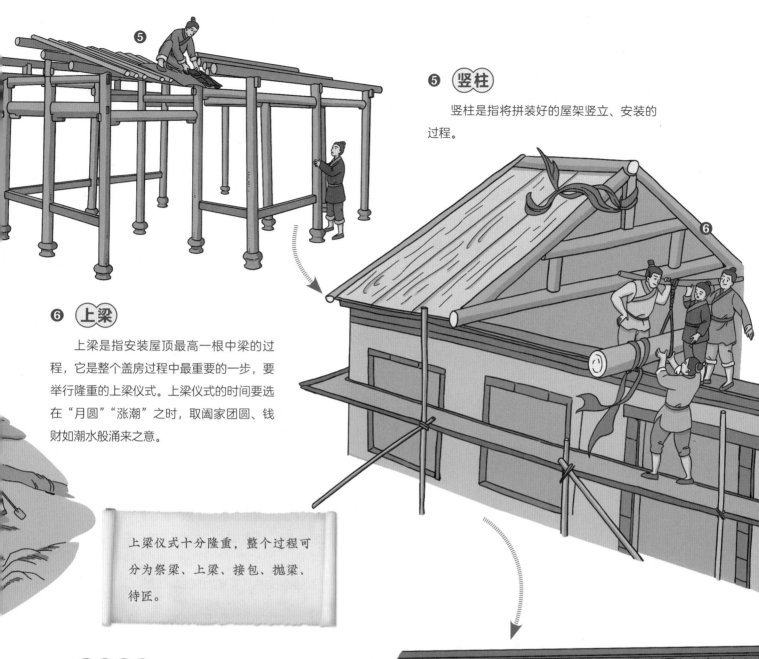

⑤ 竖柱

竖柱是指将拼装好的屋架竖立、安装的过程。

⑥ 上梁

上梁是指安装屋顶最高一根中梁的过程，它是整个盖房过程中最重要的一步，要举行隆重的上梁仪式。上梁仪式的时间要选在"月圆""涨潮"之时，取阖家团圆、钱财如潮水般涌来之意。

上梁仪式十分隆重，整个过程可分为祭梁、上梁、接包、抛梁、待匠。

⑦ 苫背铺瓦

在草、席等上面抹上灰和泥土做成房顶底层，叫作"苫（shàn）背"。然后，再在屋顶铺设瓦片，这样一座房子就基本完工了。

当然不是，盖房子也是有步骤的，不能心急。我们一起来看看！

房子是怎么盖起来的？是这群人一起一下子就盖好了吗？

建筑流派

从第一所房子出现到现在，在漫长的历史长河中，中国古建筑不断演变、发展，涌现出了很多杰作。它们有的已经毁于战火，有的则屡次浴火重生，有的更迭留存至今。

由于不同的民族文化、风俗习惯、地理地貌，我国慢慢形成了六大传统建筑流派：京派建筑、晋派建筑、皖派建筑、苏派建筑、川派建筑、闽派建筑。

这些建筑或精致、或简洁，或大气、或质朴……它们无一不向人们展示着建筑的千姿百态，仿佛在向我们招手，让我们走进它们，去感受建筑的厚重历史。

晋派建筑

晋派建筑大体分为两类。

一类是西北地区的窑洞。黄土高原的环境非常恶劣，缺水，也缺木材。人们靠土为生，造出了形形色色的窑洞。靠崖式窑洞，沿山体曲线错落分布，给人一种是山不是山的错觉；下沉式窑洞，则形成了"进村不见房，闻声不见人，院落地下藏，窑洞土中生"的独特景观。

另一类是山西的晋商宅院。明清时期，晋商闻名天下，他们的宅院一般呈封闭结构，有高大的围墙相隔；以四合院为组合单元，院院相连，沿中轴线左右展开，是非常庞大的建筑群。

关键词：稳重、大气、严谨深沉
代表民居：窑洞、晋商大院

窑洞

京派建筑

　　京派建筑是北方建筑的典型。京派建筑的代表性建筑——四合院历经700多年沧桑岁月后，仍是北方文化的瑰宝。四合院间的一砖一瓦、一雕一琢、一方一寸，都是无价之宝，承载着北京的历史，承载着北京的民俗民风和传统文化。

关键词：对称分布、庭院方阔
代表民居：四合院

是啊！中国古建筑大概被分成了六大传统建筑流派，我带你认一认有代表性的建筑吧！

皖派建筑

　　徽派建筑是皖派建筑中最为人熟悉的一支，有著名的"徽州三绝"（民居、祠堂、牌坊）和"徽州三雕"（木雕、石雕、砖雕）。其建筑风格为高墙深院、青瓦白墙，天井是徽派建筑的典型空间形式。

　　高墙深院，既可以防御盗贼，又给人以安全感。每逢雨天，雨水顺着四面屋顶流入天井，正如徽商所说的"肥水不流外人田"。

这些建筑真美，而且都各有特点呢！

关键词：青瓦白墙、高墙深院
代表民居：四水归堂

四水归堂

苏派建筑

苏派建筑很讲究曲折蜿蜒，藏而不露。置身其中，"直露中有迂回，舒缓处有起伏"，让人回味无穷。

关键词：叠石迭景、曲径通幽
代表民居：苏州园林

川派建筑

巴蜀气候潮湿，雨水与蛇虫很多，所以人们将自己"架起来"住。他们利用可以调节高度的长柱代替地基，演化出了独特的建筑形式。

川派建筑代表之一——吊脚楼，多依山靠河就势而建，高悬地面，既能通风干燥，又能防毒蛇、野兽，楼板下还可放杂物。其中，优雅的"丝檐"，宽绰的"走栏"，都是吊脚楼鲜明的特色。

关键词：丝檐走栏、飞阁垂檐
代表民居：吊脚楼

吊脚楼

苏州园林

闽派建筑

土楼是闽派建筑代表性建筑，它向心而居，没有朝向上的讲究，也没有大小、尊卑之分。土楼单体建筑规模宏大，形态各异，外墙坚实，既可以防火防震，又可以防御敌人。窗户设在二层及以上，只有一个大门。

关键词：防御性强、规模宏大
代表民居：土楼

土楼

第一章

古朴的民居

东北民居

奇妙的口袋房与万字炕

生活在东北"白山黑水"之间的满族人民，在繁衍生息的过程中，因为独特的地理环境和风俗，形成了独一无二的民居形式——口袋房。

口袋房一般为三间或五间，均为方形。整座房屋形似一个农家所用的大号米口袋，久而久之，便因此得名。

至于它上屋的内设，就更有趣了。一进门便是一块空地，俗称"屋地"。其南北两侧是两条大炕，室内靠西墙处，另有一条半米宽的窄炕，将南北炕连成一片。整个布局形成了一个"匚"形，也叫"万字炕"。

在满族人家，流传着一句像极了童谣的老话："口袋房，万字炕，烟囱立在地面上。"每每念起，东北民居的生动形象便跃然纸上。

东北的冬天，绝不仅仅是白色的，这里，还有热情的红色、神秘的黑色、静谧的蓝色和温暖的黄色……热情的东北人用他们的双手丰富了它的色彩，让东北的冬天寒冷却不萧条，漫长却不枯燥。

落地烟囱

最早用落地烟囱的是满族人，他们住的是桦树皮或者是茅草做屋顶的房子，这样的房子有的是土坯的，也有的是木头的，为了防止引起火灾，烟囱采用落地式，而不是采用附在墙壁上或者是屋顶上的形式。

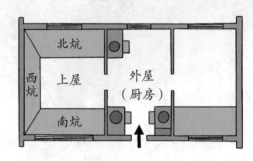

口袋房

口袋房形似口袋，进门的一间是厨房，又称"外屋"；西侧居室则是两间或三间相连，又称"上屋"。

东北虽然冷，但是这里的人们好像很享受。

是啊，东北在冬季很冷，但是挡不住人们的热情啊！冰天雪地里，他们的生活过得有滋有味，我们这就去看看！

南炕

南炕供家中辈分最高的主人或尊贵的客人睡觉。

嘎拉哈

嘎拉哈是由猪、羊、狍子等动物的膝盖骨做成的。配合沙包,形成流传于东北妇女、儿童之间的传统游戏。

爬犁

在中国,爬犁是东北过去特有的运输工具。只要有冰、有雪,便可行走,大的爬犁可以用动物牵引。

冻梨

冻柿子

黏豆包

19

皇城根下的四合院

在我们的首都北京有这样一种具有代表性的建筑：它的历史十分悠久，外形方方正正，院内布局一致。它就是北京四合院。

四合院内的正房，也就是坐北朝南的房间，是院内地位最高的房间，它在大小、朝向等方面都要比其他的房间好；其次是厢房，其中东西厢房中东厢房等级高于西厢房，接下来依次是倒座房、后罩房、耳房。

平常百姓的民居多是一进院的，富庶的百姓或者地位高的官员的民居有两进院、三进院，有的甚至还建了东跨院、西跨院。

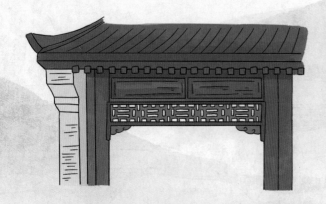

倒挂楣子

倒挂楣子是走廊建筑外侧或游廊柱间上部的一种装饰。倒挂楣子属于木雕刻，且均为镂空图案，使建筑看起来更立体，更精致。

门开东南

四合院的门不开在正中间。因为古人认为东南向可以通天地之间的元气，是非常吉祥的门向，所以门都是开在东南方向的。

倒座房

垂花门

垂花门是内宅与外宅的分界线和唯一通道。人们常说的"大门不出，二门不迈"中的"二门"就是指垂花门。

正房

古时候四合院中的正房数量有讲究：小四合院正房一般为三间，两侧是卧室和书房；大四合院的正房可以为五至七间。四合院正房坐北朝南、冬暖夏凉，通常是一家之主的居所。

雀替

雀替位于柱子上端，同柱子共同承受上部物件的压力，有承重作用，同时还有装饰作用。

后罩房

正房

耳房

西厢房

东厢房

垂花门

影壁

好啊！别着急，来跟我看一看吧！

哇！这就是北京民居？真漂亮，快给我说一说，这些都是什么吧！

上马石

上马石

古时候大户人家的门口放上马石和下马石，因为语言上的忌讳，所以统称"上马石"。上马石还是宅第等级划分的一个标准。

大门

古时候的门根据等级划分为王府大门、广亮大门、金柱大门、蛮子门、如意门、墙垣式门等几种不同形式的大门。

凝聚在四合院的美

四合院除了"规矩"，还有美。

四合院四面有房，起居方便；关起门来自成天地，私密性强；庭院宽敞，观赏性和实用性强；院内栽花种草，养鱼喂鸟，景美！

几代同堂，尊老爱幼，和和美美，人美！

白天是其乐融融的场景，夜晚则是岁月静好的安宁，生活美！

走出四合院，邻里和睦，互谦互让，人情美！

胡同

北京胡同不仅是城市的脉络，也是展现北京文化发展的舞台。置身其中，你会看到不同的名胜古迹，品尝到不同的风味小吃，听到不同的民间故事……

豆汁儿

豆汁儿是老北京人的最爱之一，他们把喝豆汁儿当成一种享受。不过豆汁儿的味道特殊，很多人都受不了它的那股酸香。不过也有人说"没有喝过豆汁儿，不算到过北京"，这也算是老北京的饮食文化了。

打招呼

　　北京人讲究见面必打招呼，招呼一打，亲切感倍增，管您是熟还是不熟，打过招呼，就是朋友。

内蒙古民居

散落在辽阔草原上的"棉花糖"

到草原上旅行，我们见得最多的除了碧草蓝天、牛羊成群，还有很多白色的帐篷。远远看去，它们像是一朵朵棉花糖，蓬松、轻柔。走近了，它们又各有特色与韵味，真是既美丽又奇妙！

它们，就是蒙古包，也被称为"穹庐""毡包"。

蒙古包的架设很简单，一般是在水草适宜的地方，先根据蒙古包的大小画一个圈，然后将画好的圆圈用哈那架好，架上顶部的乌尼，将哈那和乌尼按圆形衔接在一起绑好，再搭上毛毡，用毛绳系牢。大功告成后，一户牧民就可以在草原上安家落户了。

蒙古包有大有小。大的，可供上百人休息；小的，也能容纳十几个人。别看它们一个个小小的，却是游牧民族的日常居所，也代表着他们心中对圆满与完美的期待。

这些蒙古包好简单，牧民为什么不盖像四合院一样的房子呢？

你可不要小看这些蒙古包，它们可是能"移动"的，能跟着牧民搬家，我带你见识一下蒙古包的奥秘吧！

❶ 哈那

圆形"墙壁"，其实它就是一个木制的"菱形伸缩架"，有着巨大的支撑力，外形非常美观，高低大小可以调节，方便装卸。它的多少决定着蒙古包的大小。

❷ 套脑

套脑是帐顶的天窗，以便通风、采光，排放炊烟。平时大多敞开，如遇雨水天气，会加盖毛毡。

❸ 乌尼

乌尼上连套脑，下接哈那。其长短、粗细必须整齐划一，这样蒙古包才能肩齐，呈圆形。

❹ 门

门一般开向东南方向。这样既可避开强冷空气，也沿袭着以日出东方为吉祥寓意的古老传统。门的高度取决于哈那的高度，一般低于人们的平均身高，这样人们只要进入蒙古包都会不由自主地"鞠躬行礼"。

❺ 毛毡

骨架以外的毛毡是蒙古包最重要的部分，它用来覆盖帐顶及四壁，既挡风又保暖。毛毡大多带有漂亮的图案，是由手巧的蒙古族女人绣成的。

像候鸟一样不停迁徙的游牧民族

在辽阔的草原上，有一群牧民以这样的方式生活着：他们像候鸟一样，追逐水草辗转而居。他们是"搬家"最勤的人。他们的家，是在飘游中诞生的。

每当季节交替之际，牧民们便开始"转场"，寻找新的落脚地。他们带着所有家当，将蒙古包捆绑

转场

一场生命的大迁徙，需要付出很多的艰辛，跨过一道道沟壑与山脊。

春夏之交

经过一个冬天的消耗，牧场的青草已经满足不了牧群的需要。所有的牧民，要和他们的祖祖辈辈一样，从冬牧场出发，迁徙到水草丰盛的夏牧场。

在骆驼身上，赶着牧群，沿着古老的"千里牧道"，向着水草丰盛的新牧场迁徙。转场的路途，漫长而又艰辛。

他们走过平坦的河谷，越过高耸的山峰，跨过湍流的河水。山谷间、草场上、河道旁，处处可见畜群的身影，所过之处尘土飞扬、烟尘滚滚。相信，很多人都会被这样声势浩大的场面折服吧！

距离

从一个落脚点赶往另一个落脚点，基本上是200—300千米，甚至更远的距离。

队形

走在最前面的是女主人，带小孩骑着领头马；骆驼紧跟其后，驮着蒙古包、炊具等全部家当，起运输作用；男人则在最后，骑马赶着牧群，守护慢慢前行的队伍。

目的地

凉爽的气候、秀丽的风光、丰茂的草地，这就是牛羊的家，也是牧民的家。

27

山西民居

晋商大院 —— 璀璨的民间明珠

在山西晋中一带，留存着许多明清时期的老宅子，它们常被称为"晋商大院"。落日、高墙、灯笼、数不清的房间……可能是很多人对它们的第一印象。

晋商大院布局严谨，一般是封闭结构，院子之间有高大的围墙相隔；以四合院为组合单元，院院相连，沿中轴线左右展开，形成庞大的建筑群。院落多为东西窄南北长的形状，既相互连通，又自成一体。从高空俯视，整个院落布局以某种图形样式呈现，皆取吉祥喜庆的象征意蕴。

晋商大院的四合院以宅门、倒座房、院落、厢房、正房等几部分为构成元素。各院落间又由垂花门或过厅串联。一般将三至五开间的正房设计在正北南向主轴线上，东西布置三开间的厢房，南边大多是三开间的倒座房。

你看，这里的布局是不是很像北京民居——四合院。

是啊！你快给我说说这里的特点吧，我看到那里有好多有趣的图案。

大院中，图必有意，意必吉祥，处处皆是景致。大到一个门楼、照壁、墙面或垂花柱，小到一个屋脊上端的小兽、烟囱帽，乃至硬山墙上的悬鱼饰物都是精雕细刻而成。

这些雄伟壮观、错落有致、保存完好的大院，是晋商时代最完美的呈现，也是黄土高原的故事中浓墨重彩的一道风景线。

五福捧寿

雕刻艺术

大院中，随处可见象征吉祥如意的雕刻。王家大院的"五福捧寿"和"辈辈封侯"，寄托了人们想要福寿连绵和世代高官厚禄的美好愿望。李家大院的"百善壁"，用不同字体书写下了365个"善"字，既是告诫自己也是教诲后人，日日行善，永存善心。乔家大院的砖雕葡萄，寓意多子多福，期盼着儿孙满堂，绵延昌盛。

屋顶

在山西，降水比较稀少，所以大院中屋顶多是向内倾斜的单坡顶，雨水顺着瓦间的缝隙流入院内，既可收集雨水，更有财富聚敛的寓意。

晋商

晋商、徽商、潮商，是中国历史上的"三大商帮"，俗话说"凡是有麻雀的地方，就有山西商人"。明清500年间，晋商以经营盐业、票号等达到商业的鼎盛时期。

高门槛

大院门槛很高，需要轻轻抬腿才能迈过去，取意"聚宝拢财"。

面食界的"奢侈品"

哪里人最爱吃面食呢？非山西人莫属。

山西人对面食的热爱，似乎与生俱来。普普通通的各种面粉，到了他们手里，竟被做得花样百出。从剪刀面、刀削面、拉面，再到揪片、猫耳朵、莜面卷卷、栲栳栳……令人目不暇接，达到了一面百样、一面百味的境界。

为了做出不同形状的面食，他们可以动用手边的一切工具：擀面棒、刀、筷子、剪刀、擦菜板、漏床……实在没有工具，照样能凭借一双巧手、满腹巧思，将面团变出千百种花样。

山西面食被称为"世界面食之根"。山西人对面食进行了深入研究，将面食做到了极致。在这里，几乎每个人都是制作面食的高手，只要有一袋面粉，他们就能揉捏出一整个"动物园"和"植物园"。

栲栳栳

将揉好的面在硬石板上又摔又揉，等面饧好，掐成小剂子，在石案板上向前推，推成薄面皮，再往手指上一绕，就变出了一卷卷的莜面栲栳栳，竖立在笼中蒸熟即成。

刀削面

面食师傅左手托面，右手持刀，飞刀之下面条如流星落地，鱼跃龙门，削出的面条又细、又薄、又长。整个过程更像一场功夫表演。

宫食

女儿出嫁，要做一对用三、五斤白面做的造型独特的面塑，如玉兔驮仙桃、金鱼背石榴等。

九世共居

为长者祝寿时，晚辈儿孙蒸制的大寿桃上，装饰有仙鹤松柏，寓意松龄鹤寿；装饰有九狮菊花，寓意九狮共菊，谐音"九世共居"。此外还有几十个小寿桃。

花馍

山西人还衍生出了精巧、瑰丽的奇葩——面塑，又称花馍，是以面粉为原料，用手捏出各式各样艺术造型的面点，可食用，也可观赏。

下奶馍馍

婴儿诞生时，蒸一双形似乳房的花馍，装饰有男女童子，取名"催产娃娃"或"下奶馍馍"。

猫耳朵

用手指把小面块按成猫耳朵形状，在开水锅里煮熟，再配上各种打卤、浇头，或者炒着吃。

擦尖

将面和成较硬的面团，将擦子横架在锅沿上，像擦土豆丝一样，将面一下一下地擦进沸水中。面在沸腾的锅中上下翻腾，犹如蝌蚪在池中嬉戏，因此，也叫"擦蝌蚪"。

从海里"长"出来的房子

在胶东半岛的沿海地带，散布着很多从海里"长"出来的房子。

它们有着砖石混合垒起的屋墙，有着高高隆起的屋脊，以及覆盖着柔软蓬松的海草与渔网的奇妙屋顶。在蓝天、碧海、沙滩、绿树的映衬下，宛如安徒生笔下的童话世界。

屋顶

海草房的屋顶由近似等边三角形的木屋架承重，山面为墙体承重。屋架依开间设置，比瓦房要高很多。

这就是极具地方特色的山东民居——海草房。

海草房靠山面海而建，院落大多依坡就势，自前向后，步步登高。一般为三合院的形式，即正房多为三间，两侧为厢房，有围墙、门楼，房屋的建筑材料全部来自院落后面的大山和大海的恩赐，是最具代表性的生态民居之一。

坡度

房顶的坡度越大越便于排水，也更加耐腐。同时，坡越陡需要的海草越多。通常情况下，一个房顶需要海草、山草、麦秸共计数万斤，一个工匠苫一个海草房顶需要一个多月的时间。

这是海草房，这些房子的材料多是就地取材，我们来看一下海草房有什么特点吧！

为什么把海草晾在房子上啊？

外墙

传统的海草房外墙多以大块的天然石头砌成，石材不追求整齐方正，而是随圆就方。有些讲究的人家还在石块表面雕琢出木叶或元宝纹饰，给人粗犷而不粗糙的感觉。

苫草顶

建造屋顶的最后、也是技术含量最高的一道工序是苫草顶，每个房顶都需要苫四层，最底层是作为起坡草的山草，上面铺设海草，然后是麦秸，最外面一层是山草、海草、麦秸混合物。这样的房顶不仅防虫蛀、防霉烂、不易燃烧，而且冬暖夏凉、居住舒适、百年不毁。

江苏民居

君到姑苏见，人家尽枕河

江苏传统民居大都利用地形，自由灵活地散列在流水萦绕的隙地上。有的建于街巷与河道之间，前街后河，挑出水面，布局严谨，形成"楼台俯舟楫""白墙青瓦水中映"的景观；有的跨水而建，以桥接通两岸，独具情趣。

房屋多以砖木结构为主，以木梁承重，以砖、石、土砌护墙。民居一般为二层楼，并建有阁楼，布局紧凑。

"君到姑苏见，人家尽枕河。"既是江苏人的生活，也是江苏民居的写照。它是江南的语言，江南的诗篇。

民居结构

民居多背水临街，布局紧凑，一般为两层楼，并建有楼阁，常见前店后宅或下店上宅的形式。

民居外观

粉墙黛瓦，房层高、墙身薄、出檐深，门窗高大利于通风。

砖雕

石雕

木雕

三雕

即砖雕(多施于门楼、墙门、垛头、照壁、空窗、洞门、花墙等处)、木雕(多施于梁、枋、抱梁云、琵琶撑、雀宿檐、飞罩、落地罩、夹堂板、门窗等处)、石雕(比较少用，多施于大门、栏杆、台阶、井圈等处)。三雕为江苏民居中不可分割的一部分，所谓"无雕不成屋，有刻斯为贵"。

城市格局

公元前514年，伍子胥依水勾画出街河平行、纵横贯通的城市格局。此后，逐步形成临水而筑、顺巷而建的民居群落，构成了江南典型的"因水成街""因水成市""人家枕河"的景观。

风情万种的水乡风情

水乡人家，听起来就很美，美得摇曳生姿，美得风情万种。

它的骨肉，是缘水而筑、毗邻而建的一座座房宅。粉墙黛瓦，层层叠叠，自然地与水、路、桥融于一体。

它的风情，是大大小小、弯弯曲曲的河流，以及依河而筑的各式河埠头。多少年来，人们一直在这里闲聊、洗衣、淘米，延续着浓浓的乡情。

它的声音，是那一口吴侬软语，听得满街的脚步静了，参天的香樟树不动了，连人心也都酥软了，只想把所有的温柔都给了世间。

关于它的印象，是宋时的画，唐朝的诗。置身其中，总是让人疑心掉进了梦里。

历史沿革

自商代起，水乡民居聚落便已初具规模。待到魏晋南北朝时期，北方战乱迭起，大批人口举家向南迁徙，江苏民居建筑的规模更为宏大。宋代时期的名画《千里江山图》《平江图》中，有对江苏民居的建筑布局的生动描绘。

评弹

评弹是一门古老、优美的传统说唱艺术，是苏州评话和苏州弹词两种曲艺的合称，又被称为说书或南词。评弹大体上可分为三种演出方式：一人的单档、两人的双档、三人的三个档。主要伴奏乐器为三弦、琵琶，演员均自弹自唱。内容多为儿女情长的传奇小说和民间故事。

马头墙

马头墙因形似马头而得名，可在相邻民居发生火灾时隔断火源。

听，有音乐声！

是评弹，这儿的人就像生活在仙境中一样。

河埠头

河埠头俗称"水码头"，建于河道的石驳岸上。

安徽民居

白墙黑瓦马头墙

安徽很美，那美是看不完的烟云，摸不着的雨雾，看不透的风景……

安徽传统民居多以三合院或四合院为基本单位。院内以南向房间为主，东西向房间为辅。一屋多进，形成屋套屋格局。各进皆开天井，平面组成多为"口"字形。各进之间又有隔间墙，四周高筑马头墙，远远望去，犹如一座座古城堡。

大门用山水人物等石雕砖刻装饰，门楼重檐飞角。房屋外墙，设有用水磨砖或黑色青石雕砌成的各式槛窗。民居正立面，墙上设有卷草、如意一类的砖雕图案。

错落有致的马头墙是它的韵脚，高高低低的粉墙是它的留白。一年四季，徽州民居都在用它独有的明媚与幽然洗涤着世人的心。

压画桌

民居厅堂正中壁上多挂中堂画、对联，或写有"天地君亲师"五字的大幅红纸，这些字画均装裱成卷轴悬挂。在卷轴之下设长条桌，此长条桌则称"压画桌"。

春满乾坤福满门

承志堂

清白传家

房间布局

楼上厅屋较宽敞，为厅堂、卧室和厢房。楼下开间较小的辅助房间，作为廊屋、楼梯间、储藏室。

四水归堂

在雨天，雨水顺着四周倾斜的屋顶汇入天井，是为"四水归堂"，寓意"肥水不流外人田"。

马头墙

墙体沿着人字形的屋檐，层层迭落、上覆瓦檐，形象类似马头，因而被称为马头墙。

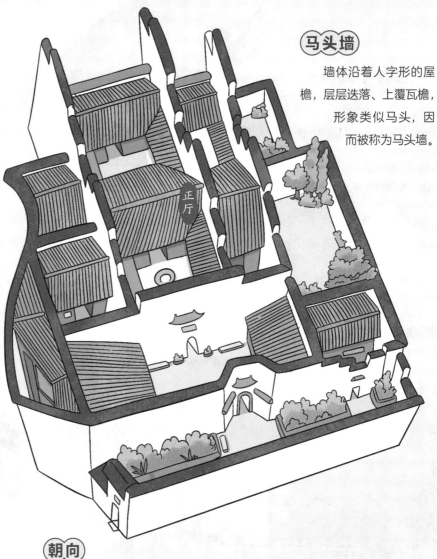

正厅

别急，你跟着我来慢慢看，细细听。

朝向

从汉代开始，我国就流行着"商家门不宜南向，征家门不宜北向"的说法，所以徽商在鼎盛时期（明中期至乾隆末年），一旦发财就回乡做屋，为图吉利，大门多数朝北。

满顶床

徽州传统的床具，因为床顶、床后和床头均用木板围成，故称"满顶床"。

安徽的民居为什么门朝北开？这么漂亮的"家具"都是什么啊？

一蓑烟雨梦徽州

安徽，山岭遍布，川谷崎岖。这里，既是山限壤隔之地，也是一方隐秘的世外桃源。

自汉代以来，为了躲避中原的战火，大量士族和百姓纷纷迁徙至此。安稳平静的生活下，水灾与人口激增的问题时常出现。渐渐地，独特的白墙黑瓦马头墙的天井式建筑诞生了。

与此同时，为了谋生，人们在层峦叠嶂间，开辟了四通八达的徽州古道，将独特的工艺品销往全国，又将粮米油盐等运回。

那些常年飘零在外的人，有很多后来成为富商大贾，被称为徽商。他们在长达400年的时间里纵横商海，成了明清两代的商界神话。他们也给这里的建筑添上了浓墨重彩的一笔，将古徽州推向了鼎盛时期。

半月桌

半月桌是放置于厅堂中一分为二的半月形桌子。客人来访一看便知家中男主人不在，便不久留。当男主人回家来，便再将完整的桌子拼在一起使用，有"花好月圆"之意。

徽商

从南宋时兴起，至明清鼎盛，徽商足迹遍布天下，有"无徽不成镇"之说。在历史上曾有十大商帮而一统中国商业天下，晋商和徽商位列翘楚。

晒秋

由于山区地势复杂多样，平地稀少，村民只能利用房前屋后以及自家的窗台、屋顶，架晒或者挂晒农作物，久而久之便演变成一种传统的农俗现象。

起居生活

古代男治外事，女治内事。以中门为界，前庭是会见男宾之处，后庭为女眷活动之地。

家宅

封建社会中，朝廷对各种住宅的设计有着严格的规定。在徽商实力强盛的明代，朝廷规定庶民居所不过三间五架，且不许用斗拱、饰彩色。商人虽然有钱，但是社会地位较低，因此，只能增加架的尺寸，或向上发展为二、三层楼。装饰方面，则以精致的三雕代替彩绘和斗拱。

你知道这样精致的民居里，住的是什么样的人吗？

不知道，你讲给我听，好吗？

工艺品

徽墨、徽笔、油纸伞。

徽墨　徽笔　油纸伞

上海民居

美不胜收的石库门

很多人对上海的印象也许是石库门建筑，它们散布在上海的各个角落，见证着上海的十里洋场和百年风华。

❶ 门窗

围绕天井的三面屋室，全部采用从房顶直接落地的实木窄幅门窗，其为木轴结构，不用合页，非常方便拆卸。夏天时，可将厢房的整面门窗卸下，与天井混为一体，别有一番情趣。

石库门民居多为砖木结构的二层楼房，大多坐南朝北，以三合院或四合院的形式布局。进门处为天井，后为客厅，之后又是一天井。后天井为灶台和后门，天井和客厅两侧是左右厢房。一楼灶披间上面为亭子间，二楼为出挑的阳台。

整个建筑最典型的特征就是中西合璧的"门"。其外形由门框、门楣和门扇组成。实心乌漆的木门，以木轴开转，配有门环；门楣为传统砖雕青瓦顶门头。

它们是海派文化蕴含的根，是上海弄堂文化的源，更是老上海的一个符号。

❸ 亭子间

亭子间是灶披间上的一个房间，面积不大，多数布置为一张书桌、一张木板床。鲁迅曾作《且介亭杂文》，其中的"亭"字指的就是亭子间。

2 老虎窗

老虎窗是斜坡屋顶上的窗户，可供三层的阁楼采光和通风。因屋顶的英文单词为"roof"，其音近沪语"老虎"，便以此命名。

❺ 厢房

厢房居于正厅两侧，多被当作客房使用。

❹ 灶披间（厨房）

灶披间位于底层北侧，空间较大。内部设有大灶台、水缸、煤球炉等，还可以当作餐厅使用。

声色各异的弄堂，喧嚣熙攘的烟火气

在上海的大街上，如果你看到一些风格迥异的建筑，门楣上写着"某某里"。那一定是上海里弄了，也就是上海人口中的弄堂。

与外面的繁华摩登不同，这里有一个个熟悉的、真切的生活场景和日常味道。

上海有数不清的弄堂，也有数不清的石库门。形形种种，声色各异。正是它们，构成了这座城市的底色。

鲁迅故居

巴金故居

丰子恺故居

弄堂

弄堂是上海人对于里弄的俗称，它们大多由连排的石库门建筑所构成。鲁迅曾在《弄堂生意古今谈》中描写了对弄堂的印象："这是四五年前，闸北一带弄堂内外叫卖零食的声音，假使当时记录了下来，从早到夜，恐怕总可以有二三十样。……而且那些口号也真漂亮……"

晾衣文化

　　弄堂里的晾衣景观，是在特定时代所特有的一道风景线。雨过天晴，弄堂里所晾晒的衣被，可谓琳琅满目，好一派壮观景象。尤其是接连数日的阴雨天后，天空突然放晴，清晨的弄堂里家家户户都为晾晒衣被忙开了锅。

弄堂游戏

　　老上海人的童年时代几乎都有在弄堂玩游戏的经历。男孩子们玩的多是较为粗犷的游戏，如打弹子和铁珠、盯橄榄核、刮香烟牌子、滚铁圈等；女孩子们玩的游戏则要文雅一些，如跳橡皮筋、造房子、踢毽子等。

浙江民居

原汁原味的江南水乡图

　　漫步在浙江的古镇上，只见绿水潺潺，杨柳依依，黛瓦粉墙依河而列，连成两条长长的河街；绿水碧波间，三两游船，不时从身边缓缓而过……

　　沿河两侧，连排的房舍侧墙相接，形成了轻巧通透的骑楼式长街。远远望去，屋檐及三叠式马头墙和琵琶式山墙高低错落、层层叠叠，屋与屋之间，好像类似又各不相同。

　　浙江的模样，就藏在这一座座古镇里。它们合起来，就是一幅原汁原味的江南水乡图。

圆拱门

以户为区隔，在廊檐下方建成的圆拱形的门，称作"券门"。从一扇券门进入另一扇，便进入了另一户人家。

南浔古镇

粉墙、青瓦、廊檐、河埠、花墙、券门、廊柱倒映在水中，船只往来，桨声渔歌，处处洋溢着江南水乡特有的气息。

民居特色

民居傍水而建，以河为路，以廊为市。整条街房舍连排，侧墙相接，高低错落，河两岸用石桥相连。

百间楼

百间楼是南浔古镇最具江南水乡韵味的村落。东起东吊桥，北至栅桩桥，其沿河蜿蜒而建，长约400米，由南浔人董份于明代万历年间（公元1573—1620年）建造。因两岸傍河建楼百间，又架长板石桥连接两岸，故被称为"百间楼"。

廊檐

每户人家皆有廊檐，下方用木柱支撑，上面铺有青瓦。

你仔细看，民居的布局、廊檐、券门……还是有很多不同的。

这里的环境和江苏好像啊，它们哪儿不一样呢？

湖南民居

青瓦粉墙的"凹"字形房屋

在湖南，生活着很多少数民族。那里的山水青绿，那里的歌声婉转曼妙，那里还有一种土木结构的"凹"字形房屋。

湖南民居以吊脚楼穿斗、马头山墙等特点，形成了多种样式。一般由前后两组一明一暗的三间房组成，屋体架构采用"三间四架""五柱八棋"的形式。中间为一内院，种有各式花木。

房屋的空间高大通畅，房顶覆以青瓦，墙体刷有白粉，其山墙多做成马头墙，高出屋面，随屋顶的斜坡而呈阶梯状。

一座座造型均衡简洁、色调素雅明净的房屋，随着地形、地势错落分布。行走在其中，感觉花是偷偷溜来的，鸟儿是突然出现的，处处都充满了惊喜。

民居结构

民居由大门、过堂、耳房、正房、堂屋、厢房等组成。

待客三部曲

待客三部曲有呼叶子烟、喝烤罐茶、吃坨坨肉。

叶子烟

烤罐茶

坨坨肉

韶山毛泽东同志故居

毛泽东同志故居为典型的湖南民居。整座房屋坐南朝北，泥砖墙，青瓦顶，为土木结构的"凹"字形建筑，毛泽东家居东，邻居家居西，中间堂屋为两家共用。

马头墙

马头墙又称封火墙，以中间横向正脊为界分前后两面坡，根据屋面斜坡长度定为若干段，每一段为一叠，随着屋顶高度错落分布。

这里就是毛泽东同志的故乡吗？快给我讲一讲这里的民居吧！

三间四架

三间四架是湖南民居主要的架构模式，意为一共三间房，每个房间有四架深。

49

江西民居

天井深深美如画

江西，既有红色根据地的铿锵，也有江南水乡的温婉。

这里的传统民居，无论两进院还是三进院，都以横长方形的天井为中心，四面或者左右后三面围以楼房，对外封闭，对内开敞，左右对称，堂堂正正，简明而富有规律。

门楼

门楼仿照木牌楼形式，用雕砖贴出仿木构的上、下枋和镶边、花板、字牌等装饰。多见于祠堂，民宅中较少出现。

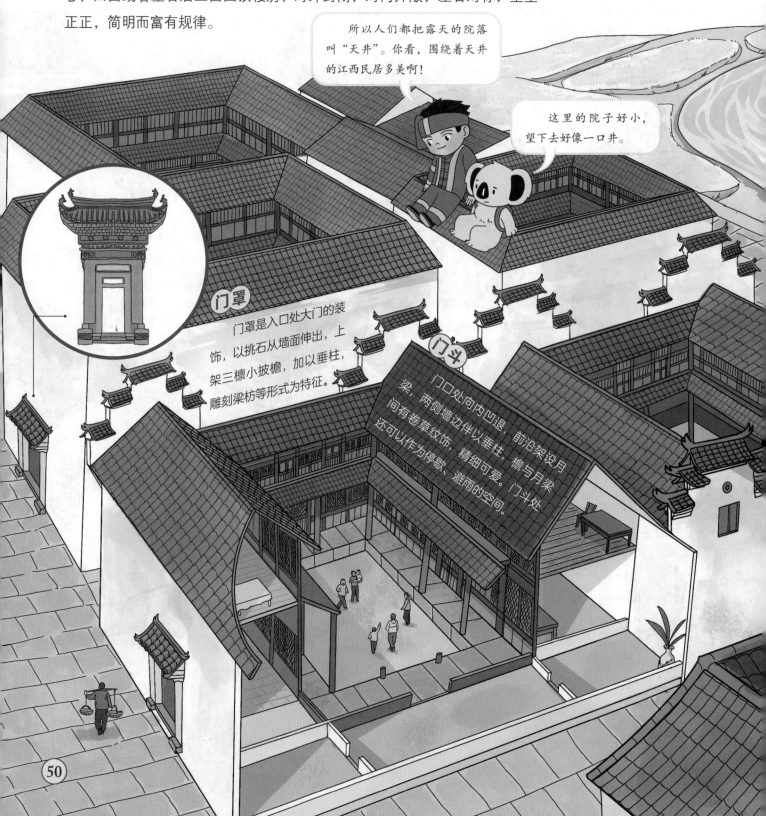

所以人们都把露天的院落叫"天井"。你看，围绕着天井的江西民居多美啊！

这里的院子好小，望下去好像一口井。

门罩

门罩是入口处大门的装饰，以挑石从墙面伸出，上架三檩小披檐，加以垂柱，雕刻梁枋等形式为特征。

门斗

门口处向内凹退，前沿架设月梁，两侧墙边伴以垂柱，檐与月梁间有卷草纹饰，精细可爱。门斗处还可以作为停歇、避雨的空间。

民居建筑采用砖木结构，前堂后厅，木榫吊顶，通风又不失古典风雅。整个平面多呈"口"形或"Ⅱ"形，墙头略高出于屋顶，整个轮廓为阶梯状，变化丰富。屋顶用小青瓦依次覆盖，从高空俯瞰，所有房间的屋顶都连接在一起，而位于中央的天井恰似向天敞开的一个井口。

从井口望去，会看到阳光划过斑驳的墙壁，悄悄布满爬山虎依偎的墙角，而不远处，黛黑的马头墙缓缓地探出头来……

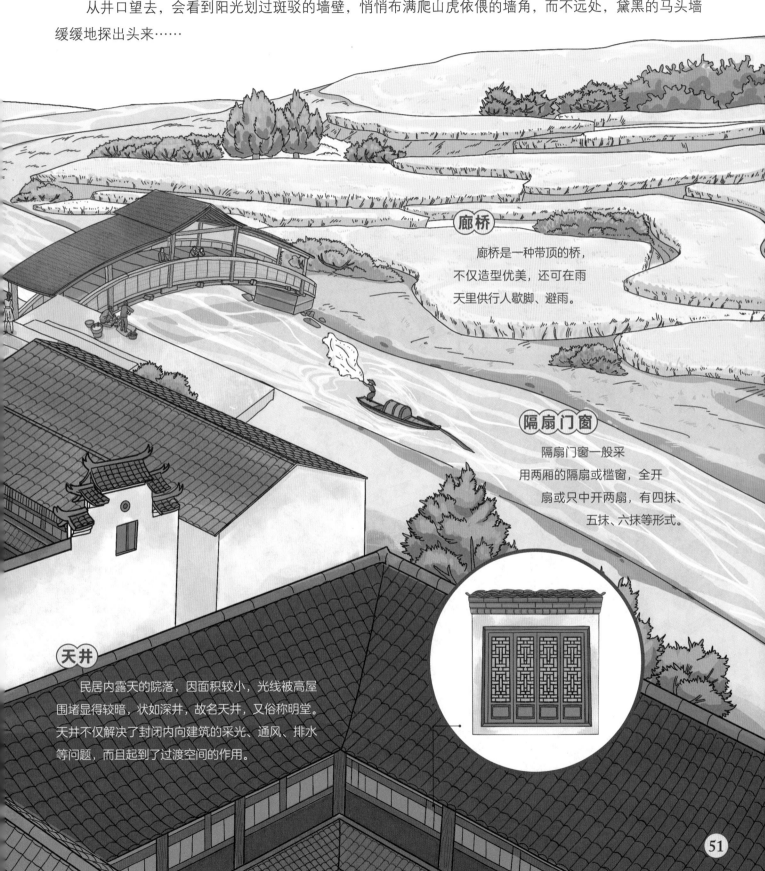

廊桥

廊桥是一种带顶的桥，不仅造型优美，还可在雨天里供行人歇脚、避雨。

隔扇门窗

隔扇门窗一般采用两厢的隔扇或槛窗，全开扇或只中开两扇，有四抹、五抹、六抹等形式。

天井

民居内露天的院落，因面积较小，光线被高屋围堵显得较暗，状如深井，故名天井，又俗称明堂。天井不仅解决了封闭内向建筑的采光、通风、排水等问题，而且起到了过渡空间的作用。

福建民居

盛开在地上的"大蘑菇"

在闽西南的崇山峻岭间，在雾气弥漫的大地上，隐藏着一座座令人惊叹的房子。它们是"天上掉下的飞碟，地上长出的蘑菇"。这就是世界上独一无二、神话般的山区建筑——土楼，它们是福建民居的代表。

土楼由泥土一层层夯实筑就，身形庞大、结构坚固。从外围仰望，它们外墙越高，房屋的层数也就越多，最高可达五层。从内部环视，它们层层相绕，被分隔成许多房间，可以容纳数百人居住。

土楼的形态各异，有圆有方，有三角有八角，或大或小，或高或低。它们如同一个个几何符号，散落在梯田之侧，溪水之畔，甚至密布整条山谷，形成绵延 10 余千米的"长城"。

每一座土楼，都像一个围拢起来的巨大怀抱，搂着那些家族里的血脉，千百年不曾松开。

五凤楼

五凤楼

五凤楼是一种在中轴三堂的基础上发展为多种形式的组合土楼，它们的构造特点是在中轴线上，前、中、后堂与中轴线两翼横楼连成一体，前低后高。楼顶从后到前，呈五个层次，层层迭落。屋角飞檐，形如鸟翅，所以被称为五凤楼。

永定土楼群

在永定2200多平方千米的土地上，分布着2万多座土楼。它们以自然村落为单位，依山势而建，高低错落，楼与楼之间用石阶相连，既有回旋的余地，又不那么松散；楼群下方是层层梯田，再下方则是流淌不息的河流与清泉。

集庆楼

集庆楼是永定境内结构最奇特的一座圆形土楼。整座楼高四层，两环，楼里底层为内通廊式，用72个楼梯把全楼分割成72个单元，全靠木结构、榫卯衔接，不用一枚铁钉，竟也穿越了近6个世纪的风霜雪雨。

集庆楼

遗经楼

承启楼

好大的建筑啊！它们长得都不一样，它们都是土楼吗？

它们都是土楼，就像是围拢起来的巨大怀抱。

遗经楼

遗经楼是永定现有土楼中最高的方形土楼。遗经楼外楼相连接，环绕成一个大"口"字，里面又有一组小"口"字形建筑，整体为独特的"回"字造型。因"门中有门，楼中有楼，重重叠叠"，而被称为"大楼厦"。

承启楼

承启楼高四层，楼四圈，上上下下四百间；圆中圆，圈套圈，历经沧桑三百年。承启楼是圈数、居住人口最多的土楼，号称"土楼王"。鼎盛时期住过800多人，像一个热闹的小城市。

方方圆圆自成一世界

数百年以前，中原一带战乱频繁，成百上千的老百姓举族南下，并定居在了闽西南、粤东北一带。

在与当地人的摩擦中，在抵御猛兽的生产生活中，他们就地取材，垒起坚固的围墙，为颠沛流离的生活造出一层厚厚的铠甲。于是，固若金汤的土楼登场，开启了它风风雨雨的数百年生涯。

在那一幢幢或圆或方、乌瓦黄墙的土楼中，沉睡着如星辰般浩瀚的传奇历史，也弥漫着人间的烟火气息。

土楼的具体名字，大多取自族谱，里面住着的全是同姓人家，站在围廊上一个招呼，回应的全是亲人。当夜的虫鸣蛙叫渐次消逝，第一缕阳光透过木窗洒向地面。推开门，人们或在舂米、磨面，或在谈天说地，孩童们则将一只只公鸡追得满院跑……

土楼构造

土楼高三至五层，低层多为厨房、仓库，高层多为起居室。每座土楼通高数丈，周长不等，屋顶有圆有方，圆如日月，方似棋盘，中间围着一个开放式庭院，有少数几个窗口朝向外界，而出入口只有一个。外墙全部为夯土结构，坚实牢靠，能有效阻止敌人进攻。

土楼布局

土楼最中心处为家族祠院，向外依次为祖堂、围廊，最外一环住人。所有房间大小基本一致，面积约10平方米，大家使用共同的楼梯上下通行。

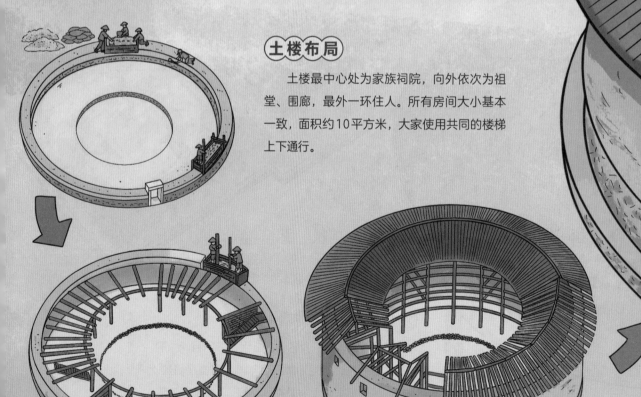

54

客家

东晋以后，为躲避战乱和灾荒，无数中原人被迫向南迁移，辗转到闽、粤、赣交界之地。因不断迁移，每到一处如同过客，当地人称他们为"客"或"客人"，他们自己也以"客"自居，最终"客家"即成其族称。

聚族而居

每一座土楼，都是一个大家族，自成一个小社会。楼内男性居民只有一个姓，而且都是血缘关系较近的同宗同族人。

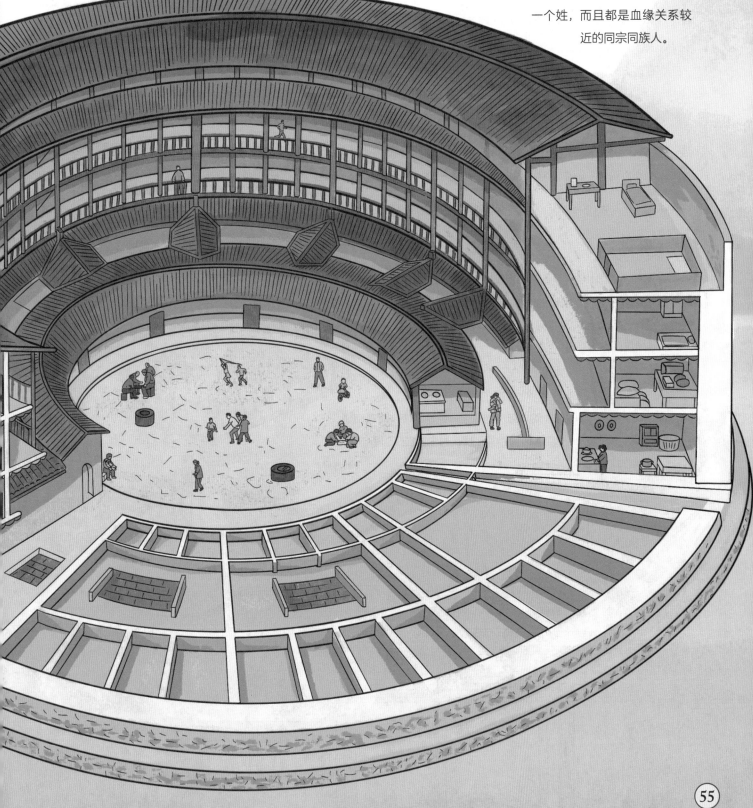

广西民居

低调的干栏式木楼

因为遥远，因为偏僻，广西给人的印象仿佛是模糊、单薄的。

当你真正走进广西，大概会有一种开盲盒的感觉：让人沉醉的不只是山水秘境，让人着迷的不只是热乎乎的米粉和螺蛳粉，也不只是刘三姐的山歌，还有五花八门的方言与民居。

千百年来，广西的壮族人家一直延续着"积木而栖，位居其上"的居住模式，这种传统民居被称为"干栏式木楼"。

干栏，也叫木楼、麻栏，无地基，木质结构，多为两层。上层一般为三开间或五开间，住人。下层为木楼柱脚，多用竹片、木板拼接为墙，一般用来圈养牲畜，或堆放农具、杂物。有的还有阁楼及附属建筑。

火塘

一般位于后厅，壮族人的日常生活，一日三餐、四餐大都在火塘边。火塘是干栏式房屋中唯一一处不能以木板铺地的地方，一般由泥土筑成。

房间分布

壮族的干栏式木楼里，都以木板隔成若干个厢房。以干栏的中轴线划分，前边的厢房，多给男性年轻人居住，或作客房。后边的厢房，多给年长者，以及未出嫁的姑娘居住。

建房

同个村寨的村民有相互帮工建房，轮流造房的习惯。练泥印砖、奠基砌墙、做门窗、盖瓦等工程，均由亲戚及邻里帮工出力。

寨门

壮族村寨中，一般都建有寨门。河道上则建有风雨桥，有的还建有祠、庙、亭、塔，蔚为壮观。

干栏式木楼

干栏式木楼主要为防潮湿与野兽袭击而建，其形式分全栏式、半栏式和平房三种。

是啊！古朴的木楼中住着淳朴的一群人，美得那么朴实。

这里的房子有一种古朴的美呢！

楼梯

楼梯多以石头堆砌，在上层放上大型的长条石块。大门两侧，为两个小晒台，一般用于晾晒衣物、谷物等，也用于堆放农具、柴火等。亲友到访，有时也会齐坐于此拉家常。

云南民居

诗情画意的傣族竹楼

云南，在彩云的最南端。那里的气候，一年四季温暖如春。

很多傣家人把竹子建造的楼当作住房，这种房子也被称为"傣族竹楼"。

卧室

傣家人的卧室通常不设桌椅，地板上铺上垫子，每一张垫子上方挂一顶帐子，人们席地而睡。

傣族

云南西双版纳是我国傣族人民聚居地，这里是亚热带地区，常年无雪，雨量充沛，年平均温度达21℃，没有四季区分。所以傣家人多住在干栏式的竹楼里，既可通风，又可防潮湿、防蛇虫。

傣族村落大多建在小溪之畔、大河两岸或者绿竹环绕的地方。人们居住的竹楼多是单栋，为干栏式建筑，用各种竹料穿斗在一起，互相牵扯，极为牢固。一般分上、下两层，上层架在地面以上 2.5 米左右，用来住人；下层无墙，用以饲养牲畜及堆放杂物。

整个竹楼的外形，像个架在高柱上的大帐篷。屋顶为双斜面，呈"人"字形，上面用"草排"或瓦片覆盖。室内用木板或竹墙隔成两半，内为卧室，外为客厅。每当天晴日暖，丝丝缕缕的阳光与风便会透过竹缝钻入室内，非常舒适。

孔明帽

傣族竹楼的屋顶为歇山顶，正脊非常短，屋面坡度陡且宽大。低而深的屋檐具有良好的遮挡效果，就像为竹楼戴了一顶宽大的帽子。

火塘

火塘是竹楼内的必有设置，位于居室中央，是家庭活动的中心。当地人认为火塘里的火都是祖先保留下来的，因此从不熄灭。

火塘

柱子

柱文化是傣家民居的特色之一，竹楼里的柱子被赋予象征意义，如有象征男女的"男柱""女柱"，寓意人丁兴旺。

贵州民居

散布在大山深处的房子

当你走进贵州的深山之中，一眼所及的地方都会有一种全木结构的房屋出现。它们或临河而立，或依山而筑，鳞次栉比，层叠而上，书写着美丽的故事。

这里的民居多采用穿斗式结构，不用一钉一铆，皆用木柱、木墙、木地板所建。居室面宽多为三开间，进深为四间，屋面用小青瓦或杉皮覆盖，房檐前高后低，较为平缓。

整个楼群大多呈虎坐形分布。因贵州多山区，多阴雨天气，民居多高悬地面，既通风干燥，又能防毒蛇猛兽。所以这里的楼一般为三层，底层养畜或堆放杂物；二层望楼、堂屋相连，为生活起居室；三层为粮食储藏间。

一座座散布在大山中的房屋，或组合成一个小镇，或构成一个寨子，全部坐落在风景极佳的地方。茂林修竹环绕周围，小桥流水点缀其间，就像一幅幅山水画。

上梁仪式

上梁是修建房屋过程中最关键的一步。房架立好，正中堂屋要横一根大梁，梁中间挂着几尺红绸子，用一束麻线捆紧，架好正梁以后，就可设宴庆祝。

"偷梁木"

"偷梁木"是贵州以前建房的一个有趣的习俗。梁木预示着家族的兴衰成败，建房前，主人会去附近的自留山林里，悄悄选中粗壮挺拔、枝丫繁茂的杉树，到了架梁前一天，请同族的兄弟择半夜的吉时出门，将其偷偷砍倒运回。

60

结构分布

二层中间为堂屋，左右两边称为饶间，做居住、做饭之用。饶间以中柱为界分为两半，前面做火炕，后面做卧室。

地灶

位于堂屋中央，兼有取暖、饮食、待客的功能。

鲜活多变的穿斗式民居

在四川，星罗棋布的小巷，活色生香的茶馆，都是悠闲、温润生活的剪影，可以暂时为你屏蔽喧闹，让你适时驻足，小憩片刻。很多民居建筑群便隐匿在这一条条温润的小巷之中。

四川民居多采用穿斗式木结构，以木头制作梁、楔、柱、椽，以竹隔墙夹楼，以草、瓦盖顶。墙面多为竹编夹泥墙套白，与深棕色的木构架形成鲜明有趣的对比。

民居皆依地形就势而筑，不拘一格。即使同一住宅中，房屋的高度、进深也各不相同。屋顶采用悬山式，前坡短，后坡长，多外廊，深出檐。整个造型空透轻盈，色彩清明素雅。

构成

早期的四川民居由远古的干栏式建筑演变而成。到了明清时期已形成由院落、前堂、后寝、厨房、望楼几部分组成，功能分区非常明确的特色民居。

装饰

四川民居是川派建筑的代表，它吸收了中国古建筑的精华，或粉墙黛瓦，或茅檐草舍，或公馆洋房，自有一番朴实飘逸的风格。木质大门配上青石门槛，院门锁具雕龙画凤，窗棂木雕繁花盛开，一派恬然静谧。

凉亭街

房屋多为宽屋檐，既可遮阳，又能防止雨水冲刷墙面。有的屋檐宽阔得能覆盖一条街，可以在此进行商业买卖和聚会，所以又被称为"凉亭街"。

屋顶

屋顶均为两面坡式，贫穷人家屋顶覆以厚厚的茅草，富裕人家则盖小青瓦。

摆龙门阵

大门,俗称龙门。门口常有人围在一起谈天说地,俗称"摆龙门阵"。

是啊,它不拘一格的外表,给人一种洒脱舒爽的感受,吸引人们漫步其中。

这里的房子远远看去就好像一幅水墨画。

地坝

在川西坝子,几乎每户农家的屋前都有一块小地坝,用作晾晒粮食。农舍的四周大都栽有成片的树木或竹子,并且十分浓密。

优哉游哉的成都慢生活

成都，是一座好"耍"成性的城市，也是最懂得"慢生活"的地方。

就连房子，也没有什么正统的概念，没有堂屋、厢房的区分，而是随坡就坎。不同的等高线，使房间高低不同，上上下下，错落有致。从外面看去，似乎是裸露的竹竿或木棒支撑着一个小木箱，使人未免心惊，但住在里面却能怡然自得。

宽窄巷子

宽窄巷子由三条东西走向的老街组成，堪称成都名片。

小通巷

小通巷是最文艺的巷子。

舒耳郎

行走街头的掏耳师傅，也被称为采耳师。他们用来招徕顾客的响器都是一样的。采耳是民俗七十二行中的一技，也是四川特有的一种传统文化。

高高耸立的碉房

西藏的天空，总是湛蓝如洗。五色的风马旗，摇晃在风里。藏民手中的转经筒，转过了一圈又一圈。当然，还有一座座高高耸立的碉房，如繁星一样散落在各处。

碉房一般依山而建，多为三层：第一层畜养牲畜，第二层设有厨房和卧室，第三层设经堂；屋顶插有经幡。碉房的顶部平整，墙体下厚上薄，外形下大上小，整个平面呈方形，外不见木，内不见石。四周墙壁上开有少量窗户，内部有楼梯可供人上下，最大的特点是坚固稳重，防御性极强，犹如碉堡。

强烈的色彩对比，像谱了一曲雄浑的交响曲，让人沉迷。富丽堂皇、美轮美奂的雕刻与绘画，则让人叹为观止。这些装饰是藏式民居的精华所在，也是最烦琐的工序。

碉房

藏语中称碉房为"卡尔"或"宗卡尔"，原意为堡寨，多建于险峻的山石上，巍峨高耸，易守难攻。西藏各地都有碉房，但风格却各有不同。按其形式可分为碉楼式碉房、碉塔式碉房、独立式碉房和院式碉房。

西藏人好喜欢五颜六色的东西啊，你看他们的房子上都要用这些颜色来装饰。

这些可不仅是为了好看，里面还包含着他们的信仰，就连他们住的房子，都带着他们的信仰。

装饰

藏族是一个善于表现美的民族，对于居所的装饰十分讲究。民居室内墙壁上方多绘以吉祥图案，客厅的内壁则绘蓝、绿、红三色，寓意蓝天、土地和大海；外墙门多用红、白、蓝、黄、绿五色布条形成的"幢"来装饰，在藏族的色彩艺术观中，此五色分别代表火、云、天、土、水。

经堂

经堂在碉房中占有重要位置。神位上方不能住人或堆放杂物，所以经堂都设在房屋顶层。

色彩

红与白是西藏建筑中最常见的两种颜色。在西藏民俗中，白为素色，源于奶汁、酥油等；红为荤，代表肉，延伸为牦牛等。牧民常有这样的对话："今年白的收成如何？"意为羊毛、奶汁收成如何。

一面坡的高房子

"宁夏川，两头尖，东靠黄河西靠贺兰山，金川银川米粮川……"

从贺兰山、腾格里沙漠，到戈壁滩，铺天盖地的黄色，抚慰了人心，也筑就了宁夏的底色。

水车

水车是黄河沿岸引水灌溉的主要工具。水车高达10米，由一根长5米、口径0.5米的车轴支撑着24根木辐条，呈放射状向四周展开。每根辐条的顶端都带有一个刮板和水斗。刮板刮水，水斗装水。

羊皮筏子

羊皮筏子是黄河流域独有的水上运输工具，由十几个气鼓鼓的羊皮袋扎成。

这里的民居，也是就地取材，以土为主。院墙、屋墙均用泥土而筑，再加以具有民族风格、习俗的装饰。

宁夏民居多以长三间的正房为基本住房，左右两边增设厢房，屋顶为一面坡式，四周围以土墙。此外，还要在院落拐角处的房顶上，再盖一层小房子，俗称高房子。

这种造型有着浓浓的趣味与美感。居高临下而望，只见山路曲折，水渠蜿蜒，宛如美丽的童话世界。

地坑窑，冬暖夏凉的"神仙洞"

"我家住在黄土高坡，大风从坡上刮过……照着我窑洞，晒着我的胳膊……"《黄土高坡》这首歌就是陕北民居的写照。

陕北属于黄土高原，住在这里的人们，靠着复杂的地形造出了许多别具风格的窑洞。窑洞大致分为靠崖式、下沉式及独立式三种，样式不一，各领风骚。其中，最有特色的要数下沉式的"地坑窑"，一般宽三四十米，深约十多米。建造时先选一块平坦的地方从上而下挖一个深坑，形成露天场院，再在坑壁上挖洞开窑。

由地坑窑院组成的村落，百米之外不易发现。当你临近院子边缘时，才能看清其真面貌。有首民谣称其为："上山不见山，入村不见村，平地起炊烟，忽闻鸡犬声。"

因地制宜、取材巧妙、构筑合理的窑洞，不只是冬暖夏凉的"神仙洞"，更被誉为"东方一绝"。

一院窑洞

一院窑洞一般修3孔或5孔，中窑为正窑。从外面看，窑洞各开门户，走到里面才发现另有隧道式小门互相连通，顶部呈半圆形，内部空间很大。

窑洞

窑洞起源于人类早期的"穴居"。人们为了躲避风雨的侵袭和动物猛兽的袭击，在自然形成的山洞中居住。后来就在一些山体与丘陵中开挖洞穴，装上门窗，成为如今的"窑洞"。

形状

窑洞为什么要修建成拱形呢？因为拱形的窑洞牢固性好，抗震效果也很好。

这可不是简单的洞，这些民居叫窑洞，外边看着简单，里边可是别有洞天，不信你看！

哇！这里的人都住在洞里吗？

用料

窑壁多用石灰涂抹，干爽亮堂。

柏社村

陕西省咸阳市三原县新兴镇柏社村是国家下沉式地坑窑集中保护区，享有"天下地窑第一村""中国生土建筑博物馆"之美誉。

杨家岭
毛泽东旧居
1938.11—1943.10

热烈如火的陕北人

色彩单调的黄土高原上，住着一群热烈似火的陕北人。他们浑身好像有用不完的精力；他们善良、淳朴；他们积极向上，充满着生命活力。

听，那高亢的歌声，震撼原野，仿佛能穿透人的灵魂，让人不禁对歌声肃然起敬，忍不住想要参与进去，唱出自己心中的追求……

看，秧歌扭起来了，那轻快的身形，愉悦的乐声，看得人嘴角不禁上扬，多么美啊，红红火火的好日子，在不停舞动的秧歌中，越来越清晰了……

革命根据地

陕北，还有一个特殊的身份：它既是党中央和中国工农红军长征的落脚点，又是进行全民族抗日战争的出发点。这里不仅诞生了伟大的毛泽东思想，还孕育了党的宝贵精神财富——延安精神。

陕北米酒

油馍馍

陕北碗砣

尝、刹荞面、油馍馍、羊肉泡馍、洋芋擦擦……数不尽的美食，就像那豪放不羁的陕北人一样，朴实无华，没有精美的外表，却满足了人们味蕾上的需求，满满的饱足感……

千百年来，沉积而成的黄土高原中，孕育了坚毅的陕北人，也孕育了多彩丰厚的别样文化，它值得去寻觅、去感受，更值得我们去保护，去传承。

信天游

信天游，陕北民歌的一种。它的形式自由灵活，以浪漫主义的比兴手法见长，极具感染力。信天游向人们展示了高原的自然景观、社会风貌和陕北人的精神世界。

信天游

闹秧歌

闹秧歌是民间的一种具有悠久的历史的艺术形式，它起源于北宋时期，是南北文化交融的产物，经过时间的洗礼，形成了黄土高原上的一种特殊的艺术品种。在陕北春节期间，就会有闹秧歌这一环节。

73

青海民居

庄廓院，一个微缩的城堡

在青海东部，点缀着很多土族民居——庄廓院。这种建筑坐北朝南，平面呈正方形或长方形。南墙正中辟门，院内四面靠墙建房，形成四合院。中间留有庭院，可种植花木。

高而结实的围墙用黄土夯筑而成，严密厚实的大门拴以粗门闩，不可轻易打开。屋顶为平顶，可以自如行走。

一个庄廓院就是一个浓缩的城堡。自上而下观望，很像一方黄泥大印，覆盖在大地上。

它融合着青海人所有的坚硬、野性、辽阔与温柔。

❶ 青海地处西北，气候高寒，长期的战乱、严酷的环境造就了独有的居住风格。所以县有城池，村有堡子，户有庄廓，这些都是防御性很强的建筑居所。土族人家选宅基时一般以山水环抱为最佳。

❷ 打庄廓盖房时全村人都来帮忙。上大梁时木工会致辞并抛撒红枣、铜钱、面豆、糖果等。

❹ （花坛）

院中央砌有花坛，坛上设有煨桑炉，并竖有高高的嘛尼旗杆。

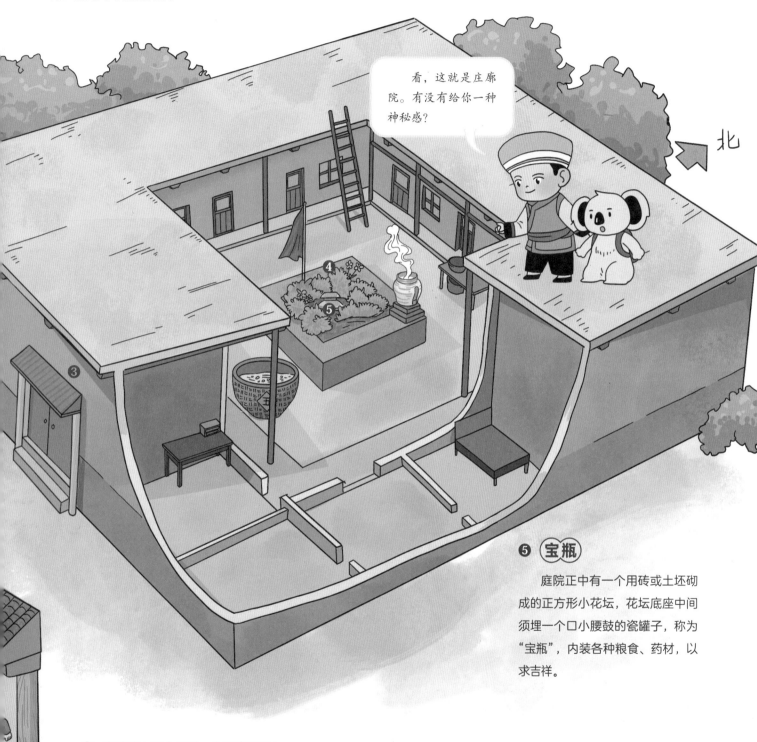

看，这就是庄廓院。有没有给你一种神秘感？

北

❺ （宝瓶）

庭院正中有一个用砖或土坯砌成的正方形小花坛，花坛底座中间须埋一个口小腰鼓的瓷罐子，称为"宝瓶"，内装各种粮食、药材，以求吉祥。

❸ 在院墙上开大门时，由领头的匠人举夯从里向外突破而出，众人随之冲出墙外。